AF586196

CHEMINS DE FER.

De leur exécution par l'Industrie particulière,

PAR JULES SEGUIN.

PARIS,

CARILLAN-GŒURY, LIBRAIRE,

41, QUAI DES AUGUSTINS.

1838.

IMPRIMERIE DE A. BELIN ET COMP.,
55, rue Sainte-Anne.

AUX MEMBRES DES COMMISSIONS PARLEMENTAIRES.

DES

TRAVAUX PUBLICS EN FRANCE,

ET PARTICULIÈREMENT

DES CHEMINS DE FER.

L'ÉTAT demande aux Chambres de l'autoriser à concéder l'exploitation de plusieurs chemins de fer à diverses compagnies, et les commissions parlementaires ont à délibérer en particulier sur la concession du chemin de Paris au Hâvre, réclamée par une compagnie composée de MM. Roy, Aguado, marquis de Las Marismas del Guadalquivir, Delamarre, etc.

MM. le marquis de Las Marismas del Guadalquivir, Roy, Humann, Delamarre soumissionnent une entreprise de 90 millions. A quel titre?

M. le marquis de Las Marismas del Guadalquivir a-t-il le projet d'aliéner son fief et d'apporter encore à la Bourse quelques uns de ses châteaux en Espagne? — M. Roy vend-il ses magnifiques domaines pour les transformer en rails et en terrassemens? — M. Delamarre va-t-il réaliser en écus son petit papier de billon?

Personne ne le croira. Ces messieurs auront seulement la bonté d'ouvrir leur caisse pour recevoir l'argent du public; en d'autres termes, ils prêtent leur crédit à l'entreprise, au public, c'est-à-dire à l'Etat.

Est-ce que l'Etat a besoin de ce crédit ? tout grand et sûr qu'il soit, est-ce que le sien n'est pas plus sûr encore et plus grand? est-ce qu'il n'est pas aujourd'hui la première fortune financière du pays ?

Mais, au lieu d'argent, ces Messieurs apporteraient-ils une invention, une idée, une industrie ? Certainement, M. le marquis de Las Marismas del Guadalquivir a un génie inventif; M. Humann entend parfaitement la question des transports, et M. Roy a donné des preuves d'une assez grande habileté; mais ni l'un ni l'autre de ces Messieurs n'a inventé les rails, ni découvert le chemin de Paris au Hâvre, ni dessiné le tracé de cette route, ni calculé les pentes et les courbes, ni perfectionné les machines locomotives.

Ainsi, ces Messieurs n'apportent ni un centime sonnant, ni un talent spécial appréciable, ni une valeur quelconque. Qu'apportent-ils donc ?

Encore une fois, rien qu'une grande caisse vide, que le public sera invité à remplir, en leur laissant le droit de prélever une dîme grasse sur ce qu'il y jettera.

Il y a là un non-sens désastreux. Si les affaires de chemin de fer sont bonnes, pourquoi en livrer le plus clair bénéfice à des hommes qui n'y serviront à rien, ni à personne, ni à l'Etat, ni aux particuliers? Le crédit de l'État peut se passer de leur garantie, et les particuliers, on a dû le voir dernièrement à la Bourse, n'ont pas besoin d'être encouragés pour donner leur argent à la spéculation.—Si ces affaires sont mauvaises, pourquoi préparer des ruines plus grandes et plus désastreuses par le prélèvement du butin que les financiers font partout? Enfin, si elles sont bonnes sur un point et mauvaises sur l'autre, pourquoi l'Etat se chargerait-il des frais des parties improductives, en laissant les financiers dévorer le bénéfice de tout le reste?

Il est d'ailleurs des questions préalables que tout le monde se fait vainement depuis que ce projet de concession a été porté à la tribune : pourquoi cette précipitation après des retards calculés pendant trois ans ? — Pourquoi cette renonciation étourdie ou affectée à l'exécution directe par le gouvernement, chimère si chèrement nourrie par les Ponts-et-chaussées, et qui les a poussés à étouffer jusqu'à présent, par toutes les subtilités de jalousie armée de l'inertie et de la chicane, l'énergie de l'industrie particulière et les réclamations des besoins généraux ? — Pourquoi encore la préférence accordée, je ne dis pas à telle ligne et à tel tracé, mais à cette compagnie, née dans une nuit comme un énorme champignon financier, sans attendre si, sur le projet du gouvernement, il ne s'en formerait pas une autre qui offrît de meilleures conditions ? — Pourquoi enfin, dans l'intérêt de l'omnipotence ministérielle, et pour dépouiller les Chambres de leur droit d'intervention subséquente, offre-t-on à cette compagnie favorisée des conditions de monopole, pendant vingt ou vingt-huit ans, qu'elle ne réclamait point, au lieu d'une condition d'enquête parlementaire sur la nécessité postérieure d'une seconde ligne dans la même direction, la seule qu'elle exigeât et la seule qui réservât tous les droits de propriété et de souveraineté qui appartiennent à l'Etat ?

Je ne toucherai pas à toutes ces questions ; elles seront sans doute l'objet particulier de la discussion publique des Chambres qui ne seront pas d'humeur à souffrir qu'on se venge par une supercherie de la solennelle déclaration d'incapacité dont la Chambre des Députés a couronné dernièrement les dissertations confuses du ministère des travaux publics. Mais il en est d'autres qui sont plus spéciales, et sur lesquelles il m'est permis de croire qu'une longue expérience des travaux publics et de studieuses réflexions me permettent d'appeler, Messieurs, votre attention.

Il est trop tard pour coordonner parfaitement les faits à la logique. — Le pays est trop pressé désormais de voir se réaliser les moyens matériels de prospérité que l'impuissance jalouse et vaniteuse de l'administration lui a refusés avec une obstination long-temps sourde et cachée dans ses voies, mais que le fait dévoile à présent avec une foudroyante évidence. La querelle entre les Ponts-et-chaussées et le génie libre, c'est-à-dire l'esprit d'invention et d'entreprise, ne sort à la fin des cartons officiels que pour nous laisser voir le mal irréparable qu'elle a produit, et pour montrer la France marchant à l'arrière-garde de l'Europe. Il est trop tard pour discuter tout ce qui aurait dû être éclairci avant qu'on pût raisonnablement opter entre les systèmes réellement différens qui peuvent être choisis pour l'exécution des travaux publics : il faut agir. Tâchons que ce soit du moins avec aussi peu d'irrationnalité que possible, et, dans un problème hérissé d'inconnues naturelles, n'en créons pas de nouvelles par complaisance pour le lieu commun.

Avant toute proposition d'un système de travaux publics, le gouvernement avait à résoudre les questions suivantes. Je les pose parce qu'elles ressortent du langage même des orateurs qui ont pris la défense des projets ministériels dans la dernière discussion. En recourant aux pièces parlementaires, on verra que l'administration est, sur chacune d'elles, dans l'incertitude, je dis plus, dans l'indifférence la plus absolue ; on conclura ensuite sur la valeur réelle de ces projets pour lesquels on invitait sans façon la France à dépenser un ou deux milliards.

1° Quels sont les moyens d'assurer une concurrence réelle dans les concessions par adjudication ?

2° Quelle est la limite des droits de l'invention ou de la priorité dans la proposition d'un travail d'utilité publique ?

3° Le gouvernement reconnaît que l'organisation des Ponts-et-chaussées est imparfaite pour le rôle d'exécution qu'il assignait à ce corps, et il ne dit rien sur les perfectionnemens qu'il prétend lui donner ; il ne sait pas comment il l'appropriera à sa destination nouvelle : il commence par lui confier des travaux auxquels il le déclare impropre.

4° On a fait un bruit terrible de l'agiotage : l'agiotage, c'est une spéculation sur des mots, sur des noms; c'est un bénéfice fait sans travail consommé, sans risque d'argent, enfin sur un capital fictif; c'est la concession aux compagnies financières; c'est tout justement ce que le gouvernement propose pour le chemin de Paris à Rouen. Le gouvernement, qui s'est beaucoup servi de la terreur de l'agiotage pour repousser l'adjudication et le génie civil, a donc posé une question dont tout le monde sent la gravité, et il s'est empressé de la résoudre, avec une extrême franchise, en faveur de l'agiotage (1).

5° Les chemins de fer construits par l'Etat seront-ils à péage ou libres quant au parcours? s'ils sont libres, comme on semblait le vouloir, comment égaliser les conditions entre les contrées qui auront des chemins libres, c'est-à-dire construits par l'Etat, et celles qui seront traversées par des chemins à péage, c'est-à-dire construits par des compagnies ?

6° Là où la navigation naturelle peut être perfectionnée, les chemins de fer sont inutiles, au moins temporairement; avec quelle dépense peut-elle être perfectionnée au point de se prêter à toute la vitesse possible, et quelle est cette vitesse dans l'état de la science et de l'expérience? Quelle est aussi la vitesse possible sur les canaux où, comme on le sait, le système de locomotion est sur le point de subir une révolution?

7° Quelle est la proportion utile des pentes de chemins de fer, d'après ce qu'on a fait en Amérique? Est-elle de trois millimè-

---

(1) Il est à remarquer que la plupart des affaires qui ont donné lieu à l'agiotage dont on s'est scandalisé depuis quelque temps provenaient de concessions du gouvernement ou de brevets d'invention accordés par lui, qui ne sont, d'après nos lois sur cette matière, qu'un instrument de déception.

tres, comme le disait d'abord le conseil des Ponts-et-chaussées, ou de cinq millimètres, comme il l'a dit ensuite, ou de huit, comme des ingénieurs habiles l'affirment, ou plus encore, ou moins?

8o Quelle est la proportion des courbes? Est-ce mille mètres, comme le disaient d'abord les ponts-et-chaussées? ou cinq cents, comme ils l'ont dit ensuite ? ou bien cinquante, comme l'affirme M. Laignel, d'après des expériences qu'on n'a pas pris la peine de répéter en grand?

9o Fera-t-on les chemins à deux voies, ou se contentera-t-on d'abord d'une voie, avec des gares plus ou moins prolongées d'évitement?

La plupart de ces questions ne sont pas seulement de science ou d'art, ce sont surtout des questions d'argent, des questions qui renferment des millions par centaines. Etait-il décent de demander à la Chambre un ou deux milliards sans avoir, sur aucune d'elles, une ombre de conviction ou de résolution ?

Il y en a bien d'autres que l'administration ne paraît pas même avoir soupçonnées. Elles ressortiront de la discussion qui va suivre.

Du capital à dépenser.

Si l'Etat a besoin du crédit des banquiers, c'est lorsque, menacé de révolutions politiques, sans assiette au dedans, ou sans sécurité au dehors, il craint de voir les particuliers lui refuser leur confiance, parce qu'ils doutent de sa stabilité. Alors il faut bien qu'il se soumette aux conditions des spéculateurs, en position d'être mieux instruits et de recevoir des garanties qu'on ne peut exposer à la publicité; alors ceux-ci le cautionnent pour ainsi dire, en offrant pour gage aux prêteurs la masse des intérêts, indépendans des mouvemens politiques, qui se rattachent à leur fortune. Le 19 mars 1815, la maison Laffitte était plus riche et plus solide que la maison de Bourbon.

Aujourd'hui, rien de semblable ne force à recourir aux banquiers; il est inutile de le démontrer, et des révolutions fussent-elles imminentes, chacun sent qu'elles ne menaceraient pas de la banqueroute, et par conséquent qu'elles n'ôteraient rien au crédit de l'Etat.

De quelque façon qu'on s'y prenne, ce sera toujours l'Etat, c'est-à-dire le public, qui paiera les chemins de fer. Seulement, par la concession aux compagnies financières, l'Etat emprunte à un taux d'intérêt qui est bien plus qu'usuraire, car il est inconnu; il emprunte en laissant les Compagnies absolument libres de fixer l'intérêt qu'elles voudront prélever par la vente des actions, et avec la perspective d'un autre bénéfice indéterminé qui résultera de la prospérité des chemins de fer (1). Quant aux chances de pertes, on ne les prévoit pas; mais si les pertes étaient possibles, elles retomberaient, en définitive, sur l'Etat seul. Pour qu'il en fût autrement, il faudrait que les capitalistes soumissionnaires se fussent interdit la mise en actions de l'entreprise, et qu'ils y consacrassent leur fortune personnelle comme capital inaliénable, ainsi que je le disais en commençant. Or, leur fortune restant parfaitement distincte et indépendante du chemin de fer, il est certain que c'est l'Etat seul ou le public qui perdrait, si l'entreprise aboutissait à une ruine.

Au lieu de prendre ce long et coûteux détour, nous demandons pourquoi l'État n'emprunte pas directement, franchement,

(1) On doit remarquer, en outre, que l'exécution des travaux par les compagnies anonymes est tout aussi dispendieux que l'exécution par l'Etat. Si c'était ici le lieu, ce fait serait facile à prouver par le raisonnement, en examinant leur organisation ; mais l'expérience est une autre sorte de preuve, et nous l'invoquons.

et aux excellentes conditions qu'il obtiendrait dans sa situation présente? En sommes-nous encore à tous ces détours de comptabilité, à ces petites bourses particulières que le gouvernement a faites jusqu'ici, afin de se dissimuler sa dépense, ou de la dissimuler au public?

A la façon dont le ministère a présenté la question financière dans la dernière discussion, il est bien évident, quand on n'aurait pas eu d'autres preuves, qu'il n'avait pas songé sérieusement à l'exécution des travaux publics qu'il réclamait.

En effet, son devis arrivait à douze cents millions, et que proposait-il pour couvrir cette dépense? l'exédant des recettes! la réserve d'une partie de l'amortissement! Et quand on lui démontrait que l'excédant est une fiction, et que toutes ces ressources en espérance n'allaient pas à 20 millions par an, il répondait naïvement qu'il ne lui en fallait pas davantage, et qu'il ne comptait pas tout faire à la fois; ce qui ajournait à cinquante ans l'exécution complète des chemins de fer, commencés pourtant dans toutes les directions à la fois, afin d'assurer pour l'avenir le règne de cet intelligent et prévoyant monopole! Notez qu'en tout cela il n'était nullement question des canaux et des rivières.

Aujourd'hui le ministère s'adresse aux compagnies financières. C'est une très-bonne preuve qu'il entend ne pas faire, la conversion des rentes; car il est très-sûr que tous les rentiers se feraient rembourser pour jeter leur argent dans des spéculations que tout doit leur faire regarder comme plus productives que le grand-livre réduit.

Mais la Chambre des Députés l'entendra-t-elle ainsi, et la volonté parlementaire, qui a déjà fait deux ou trois révolutions de cabinet pour arriver à la réduction, est-elle disposée à s'avouer vaincue, précisément parce qu'il sera clair qu'on se moque d'elle?

On en pensera ce qu'on voudra : mais ce qui est certain, c'est que la concession simultanée des grands travaux publics aux compagnies financières, c'est que la mise en vente publique d'un milliard d'actions produisant en espérance 5, 6, 7 ou 8 pour cent, est la mesure la plus assurée pour pousser les rentiers à demander leur remboursement au moment de la conversion.

Il résulterait de là que, pour ne pas donner directement un milliard à l'industrie, l'État serait obligé de donner deux ou trois milliards aux rentiers qui iraient s'associer aux compagnies financières.

Ainsi, d'une main, l'Etat emprunterait fort cher indirectement aux compagnies financières, afin de leur prêter indirectement aussi de l'autre main à des conditions onéreuses et avec d'énormes embarras, lesquels aboutiraient enfin à un autre emprunt direct, d'autant plus désavantageux que tous ces mouvemens d'argent auraient fait hausser les prétentions des prêteurs particuliers.

Cependant, comment prendre douze cents millions dans la poche des contribuables? comment doubler tout d'un coup le budget?

Cela n'est aucunement nécessaire. Il n'est pas nécessaire d'aller demander de l'argent là où il n'y en a pas, là où il y en a peu, puisqu'on vous en offre tous les jours, autant à peu près que vous en voudrez, à 4 et à 4 1/2, comme le prouvent les cours actuels et persistans du 3 et du 5 0/0, au milieu des agitations de la bourse depuis six mois.

Je propose donc d'ouvrir, pour l'exécution des travaux d'utilité publique, un emprunt à des conditions d'intérêt équivalentes à celles des rentiers du 5 0/0 non remboursés.

Si cette puérilité est nécessaire, on affectera au paiement de l'intérêt les produits des voies de communication. Mais cette puérilité a le grand inconvénient de lier l'État à un système de péages, dont il serait bon qu'il restât absolument maître, même dans l'avenir le plus prochain. Et pourquoi serait-elle nécessaire au fond, puisque, encore une fois, on offre tous les jours à la bourse trois milliards à 4 et à 4 1|4 pour 0|0 ?

De la Propriété des chemins.

Il faut que l'État soit, et reste propriétaire des voies de communication, non pas pour des considérations de stratégie ou de politique vague que personne n'a su préciser, mais parce que :

1° C'est lui qui les fera payer le moins cher, comme je viens de le prouver ;

2° Parce que, les payant le moins cher, il est celui qui les appropriera le mieux à leur destination, en transportant le plus d'objets ou de personnes au meilleur marché, et le plus vite possible. Il sera content si son capital employé lui rend ce qu'il lui coûte, 4 ou 4 1|2; tandis que les compagnies demanderont aux tarifs et l'intérêt de l'argent, et le bénéfice des actionnaires, et enfin, ou plutôt premièrement, leur bénéfice particulier ;

3° Parce que rien n'est arrêté encore dans l'esprit de qui que ce soit sur les questions d'exploitation (1), de péage, de surveillance; parce que ce serait une étourderie de s'engager pour un système irrévocable, dans cet état d'indécision et d'inexpérience.

4° Parce qu'il faut toujours hésiter, dans un pays comme le nôtre, à créer sans nécessité des aggrégations si formidables d'intérêts particuliers, et que la coalition de plusieurs de ces collections artificielles pourrait avoir de fâcheux résultats indus-

---

(1) On a pu voir, ces jours derniers, dans les feuilles publiques, le prélude des difficultés qui s'élèveraient si les compagnies avaient le monopole du parcours. Les concessionnaires de roulage de Paris à Orléans réclament d'avance contre ce monopole, et ils affirment, sans trop d'invraisemblance, que la compagnie qui soumissionne ce chemin n'a en vue qu'une exploitation de messageries dictatoriales.

triels et commerciaux; parce que même, sans supposer la coalition, il suffirait, non pas même de la révolte, mais de l'inertie de quelque compagnie propriétaire sur une ligne centrale pour placer l'Etat dans l'obligation ou de souffrir un despotisme commercial, ou de prendre des mesures d'expropriation, qui, bien que fondées sur l'utilité publique, auraient cependant les plus désastreuses conséquences morales;

5° Parce que si l'Etat ne possède pas, il sera forcé de faire autant de tarifs qu'il y aura de lignes et de compagnies, puisque les probabilités de l'activité du parcours ne sont pas identiquement les mêmes sur deux points différens; parce que la diversité des tarifs est une des conditions qui peuvent diminuer le plus les avantages des chemins de fer, surtout pour la circulation des marchandises, comme cela est prouvé par l'expérience toute flagrante des canaux (1);

6° Parce que, même possédés par des compagnies, les chemins de fer obligeront l'Etat à se charger des frais et de l'embarras d'une surveillance d'entretien, de parcours, de sécurité publique; que, de cette surveillance des compagnies, il y a très-peu loin à la surveillance d'un parcours libre et réglé par l'administration publique; et que tout ce qu'on a dit de l'impossibilité d'administrer un matériel immense tombe devant cette simple idée d'un parcours libre pour les particuliers ou les entreprises, à des heures et avec un matériel simplement approuvés par les agens de l'autorité; parce qu'enfin, de tous les systèmes, le plus compliqué est celui qui admet que l'Etat sera

(1) M. Vallée, ingénieur en chef des ponts-et-chaussées, démontre avec la plus frappante clarté, dans une de ses judicieuses brochures, que la diversité des tarifs a rendus à peu près inutiles pour la grande circulation commerciale, les canaux construits à si grands frais, et qu'ils seront inutiles aussi long-temps que cette diversité existera.

obligé à tous les soins d'une perception fiscale sur les transports d'une compagnie propriétaire du chemin, système qui double sans utilité le personnel de surveillance, et qu'on admet pourtant sans difficulté dans les entreprises exécutées ou en projet.

Ceux qui parlent des difficultés de l'administration des chemins par l'Etat se font-ils une idée de ce que deviendraient les communications générales coupées sur tous les points en petits tronçons soumis à des lois différentes? Comment un ballot qui aurait à traverser la France se verrait soumis à des pesages successifs pour subir des tarifs innombrables? Comment l'Etat parviendrait à surveiller assez attentivement tous ces petits gouvernemens en commandite ou anonymes, pour les empêcher d'usurper sur les droits du public, de favoriser telle ou telle exploitation industrielle et de créer ainsi des monopoles par des voies indirectes? On félicite l'Assemblée Constituante d'avoir détruit les lignes de douanes intérieures : remettre aux compagnies la propriété des chemins, ce serait réorganiser ces douanes à toutes les barrières de péage.

Enfin, entrons dans la nature des choses. Les bénéfices des chemins comme ceux des canaux sont de deux sortes. Les premiers immédiats, ce sont les droits de péage ou de parcours; les autres indirects, c'est l'accroissement de la prospérité publique par l'activité générale des rapports et des communications.

Les premiers, limités par en haut et par en bas : par en haut, si les tarifs sont trop élevés, par en bas s'ils sont trop faibles. C'est dans cette limite étroite que l'intérêt des compagnies doit se mouvoir, en ne consultant jamais que cette base, en laissant absolument de côté, sans s'en inquiéter jamais, les bénéfices de l'activité et de la prospérité générale. Dira-t-on que toujours les deux intérêts sont d'accord, qu'ils sont inséparables? Le raisonnement ferait facilement justice de cette assertion; mais il y a une raison qui vaut toutes les autres, et qui les résume : c'est l'expérience. Consultez l'expérience des canaux, et voyez le gouvernement forcé, après avoir inutilement sollicité de toute manière l'obstination des compagnies, d'arriver, contre presque toutes, à des projets d'expropriation, ou à des menaces équivalentes? N'a-t-on pas voté, la semaine dernière, l'ajournement d'un canal reconnu, depuis long-temps, indispensable, jusqu'à ce qu'il convienne aux propriétaires du canal du Midi de changer leur tarif? Et pourtant où trouverez-vous une compagnie plus riche et plus éclairée?

Ainsi, les deux intérêts sont naturellement hostiles, et c'est pour cela que vous livreriez, à l'intérêt privé, l'intérêt public garrotté et sans protection!

Si cette hostilité n'est pas manifeste encore à tous les regards, faut-il s'en étonner? Et se figure-t-on que l'avenir, dans les complications auxquelles donneront lieu les communications nouvelles, ne fera pas naître mille combinaisons où elle éclatera avec une terrible évidence? Il n'existe jusqu'ici que deux lignes de fer en exercice : l'une sert à un parcours de plaisance et de promenades aux portes de Paris; l'autre, celui de Saint-Etienne, calculé dans des prévisions tout opposées à celles qui se réalisent, est, depuis quatre ou cinq ans, le théâtre d'une guerre ardente, dont Paris n'a rien su, parce que le bassin houiller qu'il dessert était resté en dehors de la spéculation active et dans la possession d'intérêts isolés et sans cohésion. Mais cette guerre deviendra bientôt retentissante, si ce tarif de concession n'est pas changé; et c'est ici qu'on peut voir quel danger il y a d'enchaîner l'avenir par les probabilités du présent. Le cahier des charges, calculé dans la prévision du transport exclusif des marchandises lourdes, de la houille, et non des voyageurs, se trouve aujourd'hui insuffisant ; mais si les résultats espérés du transport des houilles n'ont pas été obtenus, le chemin vivra et prospèrera par les voyageurs, auxquels on n'avait pas pensé et dont la circulation a, par sa construction, non pas doublé ni triplé, mais plus que décuplé, et dont ce décuple triplera encore quand le chemin sera accommodé à sa destination nouvelle.

En attendant, il faut que l'Etat se débatte dans les entraves de la concession précédente, après avoir déjà modifié le tarif primitif et porté de 9 8|10 à 14 le prix du transport à la remonte (modification devenue elle-même inutile à la Compagnie, et dont elle ne se prévaut pas), il faudra qu'il cède encore aux réclamations universelles, et, en même temps, qu'il se soumette aux exigences des propriétaires actuels. N'ont-ils pas pour argument décisif la faillite du chemin voisin, de Roanne à Saint-Étienne? Comment l'intérêt général sera-t-il respecté dans cette bataille, où personne ne trouve un profit direct à le défendre?

De l'exécution des travaux publics.

L'intérêt personnel n'est pas une loi morale que je veuille proclamer; c'est une base de calcul que j'adopte, parce qu'elle est généralement vraie. Si on la conteste, je n'ai plus rien à dire : nous ferions un roman platonique, et quelque penchant qu'on puisse avoir pour l'idéal, ce serait, sur ce sujet, une poésie trop éthérée, trop fantastique, et un plaisir beaucoup trop cher.

Louer la science, la probité du corps des ponts-et-chaussées, c'est un lieu commun. Il n'y a personne en Europe, dans le monde entier, qui ne rende à la supériorité de ce corps l'hommage qu'elle mérite, personne que lui-même peut-être, que lui qui s'abaisse ou qu'on abaisse depuis long-temps à une rivalité sourde et sans dignité contre ce qu'on appelle le génie civil, ou l'esprit d'entreprise.

Pourquoi cette lutte? Les deux forces ne sont pas seulement inégales, elles sont de nature différente et d'essence opposée.

Les corps, les collections, les associations n'inventent jamais rien : ils maintiennent, ils conservent. C'est l'individu qui invente et qui perfectionne. Or, le mobile de l'individu, c'est l'intérêt personnel. Ce qui rend le corps des ponts-et-chaussées inapte à l'exécution des travaux publics, c'est donc d'abord le défaut d'intérêt personnel.

C'est, secondement, l'incapacité, l'inexpérience, si l'on veut, d'une partie importante de l'exécution, celle des transactions commerciales.

C'est enfin le défaut de liberté individuelle dans l'action.

Quoiqu'il semble qu'il n'y ait plus rien à dire sur ce sujet, il est d'une telle importance, il est si fondamental, que je dois le traiter dans tous ses détails.

1° ABSENCE D'INTÉRÊT PERSONNEL.

L'ingénieur du gouvernement n'est nullement intéressé à la prospérité de l'entreprise dont il exécute les travaux ; que cette entreprise donne 5 ou 10, ou 100 pour 0|0 de bénéfices, sa réputation dans le corps dont il fait partie, ou dans le monde, n'en sera ni plus grande ni plus faible. Ce qui lui fera honneur, c'est la beauté monumentale des travaux, c'est la difficulté vaincue, c'est une solidité granitique qui provoque l'étonnement même de la foule.

Or, tous ces mérites sont d'énormes défauts dans la construction des voies de communication.

La solidité n'a ici qu'un mérite relatif à la durée nécessaire, et cette durée n'est pas infinie ; elle paraît même très-bornée quand on réfléchit à l'activité toute nouvelle qui va se répandre et déplacer probablement beaucoup de centres de populations et d'affaires.

La solidité n'a qu'un mérite relatif au capital employé et aux intérêts composés de ce capital. Ainsi un ouvrage très-peu solide, très-imparfait, qui aura coûté dix millions, s'il ne doit pas coûter dix autres millions d'entretien ou de réparations, vaut autant, vaut plus qu'un ouvrage monumental qui aurait coûté vingt millions à construire.

Enfin, comme la grande difficulté en ce moment, et dans un avenir indéterminé, sera d'avoir autant de chemins de fer qu'il en faudrait, puisqu'il en faudrait partout, tout chemin de trente lieues où l'on dépense un tiers de solidité et d'argent au-delà du scrict nécessaire, vole à la France et à quelque partie du territoire dix lieues de chemin de fer.

C'est le strict nécessaire qu'il faut atteindre ; et comment l'atteindre avec l'organisation actuelle des ponts-et-chaussées? où est la garantie du public? où est même la garantie du corps contre ses membres?

Quoi! on prend des précautions multipliées de contrôle, de responsabilité, de juridiction pour prévenir quelques vols honteux, qui ne sont pas prévoyables d'un personnel où l'honneur est traditionnel, où la probité est un esprit de corps, et l'on ne cherchera pas à se garantir de cette effroyable dilapidation constituée dans l'essence même des choses, organisée en quelque sorte par l'Etat lui-même et contre lui? Quoi! on ne verra pas à la fin que, par amour de bien faire, de mieux faire, les ingénieurs engloutissent dans chaque travail public des millions par centaines? Plutôt que de laisser au calcul des probabilités un millième de chance contre la solidité, contre l'éternité de son travail, l'ingénieur triplera, quadruplera les forces, c'est-à-dire l'argent. Il prodiguera la maçonnerie, le granit, la fonte, le fer; il construira des pavillons de marbre, là où une cabane de planches aurait suffi pour abriter un buraliste; et pourquoi agirait-il autrement? Est-ce pour lui qu'il travaille? n'est-ce pas pour le pays qu'il élève cet impérissable monument? Que lui en coûte-t-il? une lettre à l'administration, quand il est au bout de la somme allouée. Et qu'en coûte-t-il à l'administration? une demande de crédit aux Chambres.

Est-ce que j'invente? est-ce que je fais autre chose que raconter ce qui se passe depuis seize ans pour les canaux, pour les ponts, partout? Et si l'administration des Ponts-et-chaussées réclamait, n'ai-je pas à citer en foule des faits qui, je le dis crûment, lui fermeraient la bouche?

En vérité, toute contestation sur ce point serait, de la part de l'administration, un abus de la discrétion de convenance réclamée toujours par des détails où sont mêlés des noms propres. Cette discrétion, je me l'impose ici, comme se la sont imposée à la tribune MM. Berryer, Arago, Duvergier de Hauranne. Mais, si on provoquait la vérité, si on niait mes conclusions générales en demandant les faits, les faits répondraient, et j'espère qu'ils ne laisseraient rien à répliquer.

En attendant, que l'on compare les résultats généraux de l'exécution par les Ponts-et-chaussées et par l'industrie privée. Que l'on examine à quel bon marché l'industrie privée a fait descendre la construction des ponts suspendus, son œuvre exclusive; que l'on compare les frais et les interminables lenteurs du pont de Bordeaux, par exemple, avec le pont de Fribourg, travail merveilleux de hardiesse et d'économie dû à M. Chaley, ou (s'il est permis de se citer soi-même), avec le pont de Beaucaire. Mais voici qui sera plus frappant: que l'on compare le pont de Fribourg, et le pont de la Roche-Bernard, exécutés par le même ingénieur; mais le premier, librement et à ses périls et risques, et le second, sous la direction et la responsabilité des ponts-et-chaussées! Qu'on les compare et pour la beauté monumentale, et pour l'économie et pour la rapidité de construction! En vérité, pourquoi discuter, quand l'expérience se charge d'une démonstration écrasante?

2. INEXPÉRIENCE DES AFFAIRES.

Ce sont encore les faits qu'il faut invoquer ici, consultons-les.

Je lis, dans l'exposé des motifs du projet de concession pour le chemin de fer de Saint-Germain, l'évaluation officielle des dépenses totales, terrains et constructions compris; cette évaluation est de 3 millions 900 mille francs; elle fut donnée à la tribune par le ministre, comme vérifiée par l'administration, et il fallait bien qu'elle fût vérifiée, puisque les tarifs devaient être calculés sur le capital qui serait dépensé.— Plus tard, les Ponts-et-chaussées renoncèrent à cette évaluation et en fixèrent une autre, mais ce fut pour commettre une nouvelle erreur. Et quelle est cette erreur? Elle est de 1 à 8, rien que cela.

En effet, le chemin de Saint-Germain n'est pas terminé, et les gens bien instruits disent déjà qu'il coûtera 15 millions : première erreur de 1 à 4. Et, d'un autre côté, les tarifs ont été si bien calculés sur la circulation probable, qu'avant l'exercice complet du chemin, le public persiste, depuis un an, à donner à ses actions une valeur de plus de cent pour cent. Nouvelle erreur, qui double la première. En tout, erreur de 800 pour cent.

Les évaluations officielles pour les chemins de fer de Versailles renferment des erreurs non moins graves; et ces travaux, estimés 4 millions environ par les Ponts-et-chaussées, coûteront, les compagnies le savent déjà, bien près de 12 millions, si ce n'est plus.

L'exemple des canaux n'est pas usé, tout vieux qu'il soit. Le devis primitif était de 128 millions; ils en ont coûté près de 300, et ne sont pas finis.

C'est que les travaux publics renferment deux parties très-différentes : les calculs de l'ingénieur, ceux de l'homme d'affaires. Or, le génie des affaires n'est pas naturel à tous les hommes; c'est une faculté distincte, c'est une vocation spéciale. Comment serait-elle le partage d'un corps entier et de tous ses membres?

Et remarquez que cette faculté, qui se compose de la rapidité et de la justesse du jugement, de la promptitude de la décision, de l'obstination de la volonté, de la connaissance de l'homme, se perd si elle n'est pas exercée. Et comment et sur quoi les ingénieurs du gouvernement l'exerceraient-ils jusqu'au moment où, pour la première fois, ils sont chargés de l'exécution d'un grand travail? Est-ce à l'École polytechnique? est-ce à l'École des Ponts-et-chaussées? est-ce même dans l'accomplissement des fonctions habituelles d'ingénieurs ordinaires, d'ingénieurs en chef, ou d'inspecteurs?

Mais, en les supposant naturellement doués du génie des affaires, en supposant qu'ils eussent exercé cette faculté native, je dis qu'il leur est impossible de l'appliquer dans les conditions forcées de leurs fonctions.

3° DÉFAUT DE LIBERTÉ D'ACTION.

Comme les ingénieurs dépensent l'argent du public, et qu'ainsi l'État est sans aucune garantie pour le fonds, l'administration a dû vouloir garantir, par des formes rigoureuses, leur intégrité contre les soupçons malveillans. Personne ne proposera de détruire cette garantie, et eux-mêmes n'y consentiraient pas. Mais que résulte-t-il de ces formes compliquées? Une cherté exorbitante dans toutes les transactions, l'inopportunité dans tous les marchés, une difficulté et une lenteur de mouvemens, dont les retards se paient toujours par des sacrifices d'argent.

Tous ceux qui contractent avec l'administration, sachant bien que, s'il s'élève des difficultés, c'est l'administration qui les tranchera; sachant qu'ils tombent sous une justice que, par conséquent, ils regardent comme partiale ; sachant qu'ils ont, dans tous les cas, à traverser, pour être payés, la filière d'une comptabilité compliquée, escomptent ces inconvéniens et les font payer tout ce qu'ils valent, si ce n'est plus. Opposera-t-on que les marchés se font par l'adjudication, je répondrai qu'on n'a pas encore trouvé le moyen de rendre réelle la concurrence, et qu'elle devient de plus en plus fictive. Un entrepreneur particulier, au contraire, est libre de choisir ses contractans, son heure et ses conditions pour conclure, et il n'est pas mis en dehors de la loi commune, car, en cas de procès, il ne sort pas de la loi commune. Si on lui oppose une coalition, il s'attachera à la diviser par l'appât de l'intérêt personnel, ou bien il retardera son marché.

Si un fournisseur exécute mal ses conditions, il n'a pas besoin, comme l'ingénieur du gouvernement, de faire casser une adjudication, de parcourir une chaîne infinie de juridictions pour obtenir qu'elle soit annulée, et de suspendre les travaux jusqu'à ce qu'une autre soit autorisée; il laisse là cette fourniture, fait un nouveau marché, et continue le travail en attendant un procès qui, quelle qu'en soit l'issue, ne portera pas du moins à l'entreprise un préjudice indirect cent fois plus grave que le fond de la contestation.

Garrotté par toutes les précautions administratives, l'ingénieur du gouvernement ne peut donc rien faire en temps opportun, rien faire au meilleur marché; il ne peut rien changer au moindre détail du plan primitif, quoi qu'il survienne d'imprévu en cours d'exécution, sans obtenir des sanctions qui arrivent toujours trop tard; il ne peut ni profiter des occasions et des chances favorables, ni reculer devant les mauvaises; et souvent, pour une légère dépense qu'il n'a pas pu faire à temps faute d'autorisation, il laissera l'intempérie des saisons causer des préjudices énormes aux travaux commencés.

Encore une fois, tous ces inconvéniens sont inévitables, à moins qu'on ne veuille placer les ingénieurs de l'Etat dans cette situation qu'aucun homme délicat n'acceptera jamais, de pouvoir être soupçonné sans avoir en main la preuve de son intégrité.

★

✱

J'ai négligé tous les argumens qu'on pourrait emprunter à l'organisation actuelle, mais réformable des ponts-et-chaussées ; je n'ai signalé aucun des vices contre lesquels des réclamations se sont élevées du sein même de ce corps et par l'organe des plus éclairés de ses membres; j'ai admis pour corrigé tout ce qui peut l'être, quoiqu'il n'y ait pas plus raison de l'espérer pour l'avenir qu'on n'en avait dans le passé. Et, par exemple, cette distribution systématique du personnel qui donnait à l'illustre Fresnel l'inspection du pavé de Paris, comme le disait M. Arago, et qui fait que chacun des travaux qui sont confiés aux ingénieurs est toujours pour eux une expérience nouvelle, et que tous font ainsi une suite de coups d'essai dont l'Etat porte les risques ou plutôt les frais, car il n'est pas de risques de cette nature qu'on ne puisse couvrir avec une accumulation de forces superflues, c'est-à-dire d'argent.

Je n'ai étudié que la nature générale et immuable des choses, et j'en tire cette conséquence que les ponts-et-chaussées ne sont pas propres à l'exécution des travaux publics.

Mais quel est donc leur rôle? ne sont-ils bons à rien? La science est-elle donc inutile, et serait-ce vainement que tant de lumières seraient réunies dans ce corps exceptionnel?

Le rôle des ponts-et-chaussées est immense dans l'avenir qui se prépare, s'il veut s'y renfermer, s'il ne l'abdique pas pour lutter contre l'activité de l'industrie particulière, contre la promptitude des expédiens que découvre toujours la sagacité de l'intérêt personnel.

Ce rôle est celui d'une haute magistrature chargée de protéger l'intérêt de l'Etat et la propriété publique ; de préparer tous les projets, les plans, les tracés de travaux, et d'en surveiller l'exécution dans les conditions imposées. Cette direction supérieure et en quelque sorte providentielle; cette combinaison des détails et cette conduite de l'ensemble n'est-elle pas la véritable mission de la science et de la probité ?

Toute prétention au-delà, ou plutôt au-dessous, ne conduirait les Ponts-et-chaussées qu'à une suite d'échecs et de défaites comme celles qu'il éprouve sans cesse depuis long-temps, et qui seraient à la fin de nature à rendre contestable son utilité et même sa science.

L'ère des monumens est passée; il n'est pas un des grands travaux que la nation espère ou désire qui n'ait pour conditions premières l'économie et la rapidité de l'exécution. L'industrie privée satisfera toujours mieux à ces conditions, qu'un corps dont les membres sont, par la discipline, privés de spontanéité, et par leur désintéressement du résultat, privés du mobile le plus puissant sur le cœur de l'homme; mieux qu'un corps qui, pour l'action la moins importante, est forcé d'attendre la pression d'une foule de ressorts administratifs externes.

Les Ponts-et-chaussées pouvaient être chargés de l'exécution sous le pouvoir absolu : ils ne peuvent plus l'être sous un régime représentatif.

De la concession directe et de l'adjudication.

Est-il besoin d'attaquer le système de la concession directe quand on voit se qui se passe depuis quelque temps? quand on écoute ce qui se dit? quand on lit ce qui s'écrit? Le gouvernement, les Chambres, la presse accusés de vénalité, et cela sans que l'invraisemblance choque le jugement public! Des associations nées en une nuit, et assez colossales pour qu'on les croie en mesure d'opérer cette corruption universelle! Des soumissions de 90 millions niées à la tribune par un ministre, prouvées à l'instant même par les intéressés!

Mais qu'importent tous ces bruits? Si le gouvernement est

laissé libre de choisir, pourquoi ne choisirait-il pas suivant des convenances qu'il est impossible et, de plus, très-inutile de discuter?

On ne dit rien, on ne peut rien dire en faveur de la concession directe qui est le régime de la corruption, de la partialité, de la dilapidation, sinon qu'il ne faut pas dépouiller les inventeurs de projets.

Mais qui donc peut se flatter d'inventer la route de Paris au Hâvre, ou de Paris à Marseille? Et s'il s'agit de nivellemens et d'un tracé, qui ne s'empressera pas de les faire sur la parole confidentielle d'un ministre? Si enfin il s'agit d'une constitution de société financière, qui osera parler d'une souscription sans avoir obtenu cette parole confidentielle? Ne serait-il pas assuré de voir quelqu'un ouvrir une souscription rivale ayant, dès l'abord, sur lui cet avantage décisif?

Ainsi, à ce que nous avons dit des compagnies financières comme instrument coûteux d'exécution et comme aliment d'agiotage, il faut ajouter que, par la concession directe, elles deviennent un moyen de favoritisme effronté, et de vénalité sans limites.

On répond à toutes ces vérites incontestables que l'adjudication n'est point un moyen d'obtenir la concurrence réelle, mais de provoquer une coalition des intérêts particuliers contre l'intérêt public.

Cette objection est malheureusement fondée dans le plus grand nombre des cas. Mais nous pensons avoir trouvé, pour les lignes de chemins de fer, un système qui la détruit, et qui rétablit la sincérité de la concurrence, ou du moins qui met complètement à couvert l'intérêt général.

Système nouveau d'adjudication.

Il consisterait à fractionner les grandes lignes en un nombre de parties aussi inégales qu'on le voudrait, mais dont chacune comprendrait, autant que possible, la même nature de terrain et de travaux.

Ces parties seraient adjugées séparément sur un cahier des charges dressé par l'administration; l'exécution serait donnée au rabais, sur une mise à prix qui, n'étant pas couverte, laisserait le gouvernement libre d'aviser.

Après cette opération, on adjugerait l'ensemble de la ligne entière sur une mise à prix qui serait la moyenne de toutes les adjudications partielles.

Le cahier des charges porterait pour les adjudicataires, ou de l'ensemble ou des parcelles, l'obligation d'entretenir, pendant vingt-cinq ans, à tant par kilomètre et par année, sous la surveillance des Ponts-et-Chaussées, le cautionnement restant déposé pour garantie. Ce cautionnement serait lui-même du dixième de la mise à prix.

Résultats de ce système.

Il ne diffère pas essentiellement de ce qui se fait aujourd'hui dans les adjudications ou dans les travaux éxécutés en régie (1),

---

(1) On verra, dans l'article du projet placé aux *Notes* (note A), le mode suivi pour le paiement partiel des travaux. C'est identiquement celui qui est usité aujourd'hui pour les travaux en régie, et je le dis afin de répondre d'avance à l'objection qui le considérerait comme impraticable par sa complication. En fait, rien n'est plus simple, et une expérience dix mille fois répétée est la meilleure démonstration.

et pourtant il crée une concurrence bien réelle, et place l'Etat dans cette excellente situation de ne concéder que ce qu'il voudra, et en connaissance parfaite de ce qu'il aliène.

Toutes les suppositions de coalitions tombent devant cette faculté qu'aura le premier venu de soumissionner une partie quelconque de la ligne, et de briser ainsi un complot financier, dont les moyens de corruption seront strictement limités par la mise à prix. Ce sera au gouvernement à fixer sagement cette limite par des enquêtes préparatoires qui dissipent l'obsurité, le vague, l'indécision où il est encore sur les questions les plus capitales, ainsi que je l'ai démontré plus haut; ce sera aux ponts-et-chaussées à rendre, par une énergique application de leur science, ce service qui sauvera à l'État plus de millions qu'ils n'en ont dissipé jusqu'ici dans des entreprises auxquelles ils n'étaient pas propres.

On sera frappé surtout de l'avantage que ce mode d'adjudication offre aux talens spéciaux, et de la supériorité que les ingénieurs habiles et actifs prennent dès l'abord sur les grandes caisses de la finance, jusqu'ici seules concurrentes réelles.

L'habileté dans les travaux de communications publiques, c'est la rapidité et l'économie de l'exécution, on ne peut trop le répéter. Or, comment la finance lutterait-elle, sous la loi préalable et absolue d'une mise à prix, contre les rabais d'un ingénieur qui porte en lui le succès de son entreprise, et dont le talent, l'activité, la hardiesse valent des millions?

Si les grandes compagnies prétendent au monopole par la diminution des frais sur l'ensemble de la ligne, l'ingénieur habile ne trouvera-t-il pas un auxiliaire puissant dans les propriétaires riverains de la ligne, qui tous ont un intérêt autre que celui de l'argent placé à l'exécution du chemin? N'établira-t-il pas ainsi une concurrence formidable aux grandes caisses par la soumission des parcelles? et si les compagnies l'emportent encore, ne sera-ce pas parce qu'elles possèderont, outre la supériorité des capitaux, l'égalité au moins de talent parmi les ingénieurs qu'elles emploieront, et enfin, toute cette concurrence n'aboutira-t-elle pas à des rabais sur le prix d'exécution dont l'État profitera, en définitive?

Autre résultat très-important.

Ce résultat, c'est la destruction de l'agiotage.

L'État, en obligeant les compagnies, auxquelles il concède les chemins de fer, à se former en sociétés anonymes, va directement contre ce but; car il ôte aux actionnaires la garantie qu'ils avaient cru trouver dans la responsabilité des hommes qui se sont mis, le premier jour, à la tête de l'entreprise, et dont le nom a pu entraîner beaucoup de souscriptions. Cette combinaison est inconcevable, tant elle est contradictoire avec tout ce qu'on a paru désirer publiquement; j'en cherche inutilement l'explication, et je ne la trouve que dans une complaisance coupable pour de grands noms qui ne seraient pas fâchés de disparaître dans de certaines hypothèses.

Tout homme qui a réfléchi est bien convaincu que, pour tuer l'agiotage, les moyens directs sont impuissans. Le fond de l'agiotage, sa cause virtuelle, c'est la cupidité exploitant la folie. Prétend-on guérir ces deux maladies humaines par des textes impératifs? Empêchera-t-on les niais de s'infatuer d'une spéculation qu'ils croient bonne, qui est bonne peut-être, qui fera naître une fureur de jeu d'autant plus ardente, qu'elle sera meilleure? En effet, plus une valeur industrielle sera sûre et positive, plus l'exagération s'y attachera et sera tentée de lui attribuer une valeur fictive. La mesure finale qu'on serait amené à prendre, ce serait de chasser les joueurs de la Bourse. Alors, on jouerait dans la rue, sous les parapluies.

Les remèdes indirects sont les seuls puissans, parce qu'ils s'adressent à la nature des choses. L'un des plus décisifs, c'est de mettre la spéculation sous les yeux des spéculateurs; c'est de les placer en position de la juger, d'en calculer la valeur, et de s'y attacher en connaissance de cause. Une seule expérience de la valeur réelle des affaires industrielles leur sera plus utile que cinquante sermons parlementaires contre l'agiotage.

C'est justement ce qui aura lieu par le fractionnement des lignes. Les riverains deviendront, pour la plupart, soumissionnaires ou associés dans les adjudications, et, ayant par leur position un autre intérêt que celui du bénéfice direct, ils pourront produire des soumissions à si bas prix, que les grandes compagnies de finances n'auront plus aucune tentation de lutter contre elles (1).

Ainsi, l'exécution par l'argent de l'État ne combattra pas, comme on aurait pu le craindre d'abord, la tendance manifeste du pays à l'association industrielle. Ce mode organise seulement l'association; il la règle, il l'éclaire et la discipline, tandis que les compagnies financières ne peuvent que la pervertir en jetant confusément, dans ce grand tourbillon de la Bourse, de nouveaux et énormes alimens d'agitation et de désordre.

C'est aux hommes préoccupés surtout du côté moral de la question que je signale cette perspective particulière.

De l'Expropriation.

Si le gouvernement veut réellement l'exécution des voies de communication que le pays réclame à grands cris, ce qu'il peut

---

(1) Un ingénieur en chef de ponts-et-chaussées, M. Vallée, dont j'ai déjà cité les judicieuses publications, a cherché aussi les moyens de former des compagnies intéressées, qu'il appelle *exécutantes*. Il me semble que celui qu'il propose est bien compliqué et n'atteint pas sûrement le but.

faire, ce qu'il doit faire de plus utile, ce qui est à la fois et le plus facile et le plus pressant, c'est un amendement à la loi d'expropriation pour cause d'utilité publique.

La loi actuelle, en effet, par un seul mot, met un intervalle d'un an et plus entre la détermination d'une ligne et le premier coup de pioche à donner.

Ce mot, qui était dans la loi de la Constituante, a été, ce me semble, mal interprété. L'expression *indemnité* PRÉALABLE, signifiait seulement que le propriétaire exproprié ne devait courir aucune des chances d'un paiement postérieur à sa dépossession, en sorte qu'il risquât d'être à la fois dépossédé et non payé.

Ce principe est juste; mais doit-il avoir pour conséquence de retarder la prise de possession si la déclaration d'utilité publique a constaté l'urgence de l'intérêt général, et l'Etat, qui représente le droit social, doit-il attendre qu'un propriétaire de deux toises de terrain ait parcouru toutes les séries des formalités judiciaires pour exercer ce droit suprême, ou plutôt (car c'est à cela que tout se réduit quand *l'utilité publique* est déclarée) doit-il souffrir qu'un individu spécule sur le besoin général, par la menace d'un retard ruineux?

Non, certes, et il y a un moyen bien simple de prévenir cette spéculation, qui est un des obstacles les plus désastreux qui s'opposent aux grands travaux publics, sans attenter aux droits sacrés de la propriété.

Ce moyen, c'est de faire suivre immédiatement la déclaration d'utilité publique d'une expertise d'après laquelle l'acquéreur sera tenu au *dépôt préalable* de l'estimation. Si l'estimation est agréée par le propriétaire, tout est terminé; si elle est contestée, le procès s'entame régulièrement, mais l'entrepreneur entre en possession immédiate et commence les travaux. Quel inconvénient peut-il résulter de ce procédé?

Est-ce que les jurés d'estimation seraient suspects de partialité en faveur de l'entrepreneur? Ce sont des propriétaires indirectement, mais très-certainement, intéressés à donner aux immeubles expropriés une valeur exorbitante. Et même, on peut affirmer que cette composition actuelle du jury ne sera pas longtemps supportée quand on aura expérimenté combien sa partialité nécessaire coûte à l'Etat et nuit aux intérêts généraux par le haut prix auquel elle fait monter l'exécution des travaux d'utilité publique. Dans la supposition où nous nous plaçons, de l'exécution par l'industrie particulière, sur un prix arrêté avec l'Etat, la nomination du jury d'estimation par l'administration n'aurait aucun inconvénient notable et protégerait mieux la sincérité de l'évaluation (1).

Pour aujourd'hui, tout ce que le temps permet de faire, c'est une loi de dix lignes sur l'interprétation du mot *indemnité préalable*, qu'il faut expliquer ainsi : *dépôt préalable d'une indemnité* équitablement déterminée. Cet amendement donnera au pays, sur toutes les lignes projetées, les chemins de fer qu'il attend, dix-huit mois plus tôt qu'il ne les aurait eus sans lui.

Dans l'état présent de la loi, le système d'adjudication au rabais que je propose oblige le gouvernement à se charger de toute la tâche de l'expropriation. L'adjudication sera donc faite à condition qu'il livrera tous les terrains rendus nécessaires par son propre tracé.

---

(1) Cette matière de l'expropriation étant très-grave, et, à mon avis, très-mal jugée en général, je place à la fin de cet écrit (Note B), quelques réflexions sur un *projet de loi générale*, sur lequel j'appelle l'attention des hommes spéciaux. J'ai cherché à simplifier la question en n'oubliant pourtant aucun de ses termes.

RÉSUMÉ.

Je crois avoir suffisamment développé les diverses parties d'un plan qui n'aurait pas eu besoin de si longues explications, si des points de vue systématiques, auxquels chacun a dû se ranger, suivant ses propensions politiques ou ses intérêts personnels, n'avaient faussé presque généralement les idées les plus simples et les plus étroitement liées à la nature des choses.

C'est la nature réelle des choses que je me suis attaché à étudier, et rien de personnel ne pouvait m'en distraire; car, si j'avais un intérêt ici, ce serait celui des travailleurs et du travail intelligent, et il n'y a rien là qu'on doive renier ni qui puisse égarer le jugement.

Ainsi, dans ma profonde conviction de citoyen, l'Etat doit fournir le capital des chemins de fer, parce qu'il peut seul le fournir à de bonnes conditions; parce qu'il doit rester propriétaire de ces lignes de communications dont l'avenir est encore inconnu.

Ainsi, dans ma profonde conviction d'ingénieur et d'homme d'industrie, le génie libre et l'association particulière doivent exécuter les travaux, parce qu'ils les exécuteront plus vite, plus économiquement, en répandant sur le pays une féconde ardeur de travail, en attribuant au talent une valeur publique, authentique, formelle, que la spéculation a jusqu'à présent usurpée et absorbée; enfin en traçant un lit régulier à ce torrent de l'agiotage, qui peut tout fertiliser si l'on sait s'en emparer et le diriger.

Quand je cherche ce qu'on peut opposer à ce système, je trouve bien des amas de phrases toutes faites, convenues, et depuis long-temps en circulation, soit pour défendre l'agiotage, organisé sous l'enseigne des noms les plus fastueux, soit pour réclamer en faveur de la dictature des bureaux ministériels le droit exclusif, le droit inaliénable des Ponts-et-chaussées de remuer toutes les pierres et tous les terrains de la France, dès qu'il s'agit d'un travail public.

Mais il me semble que ces banalités se sont bien usées à force de courir de bouche en bouche, et la dernière discussion de la chambre a dû les jeter hors de la circulation.

Sans doute, outre les phrasiers d'habitude, ce plan aura contre lui, et les financiers, qui voudraient bien prélever, sans risque et sans travail, un énorme profit sur la prospérité industrielle de la France, comme ils ont prélevé une dîme sur ses désastres; et les serviteurs du pouvoir, qui ne seraient pas fâchés de voir s'élever les colonnes d'un second budget, d'un second milliard, et créer un second gouvernement, celui des chemins de fer, où ils sauraient bientôt entrer. Mais les chambres! Les chambres, qui doivent songer au pays et à toutes les parties du pays, pourquoi repousseraient-elles un plan qui se présente du moins avec la recommandation d'un désintéressement évident?

Je ne puis le craindre, et c'est ce qui me pousse à formuler mes idées dans le projet qui suit. C'est un moyen de répondre à beaucoup d'objections de détail qu'il eût été trop long d'examiner dans la discussion, et de prouver en même temps, qu'on peut, dès aujourd'hui, donner au gouvernement le moyen d'entrer en voie d'exécution. Tous les expédiens précipités par lesquels on se flatte d'*utiliser* la fin de la session, n'ont rien de plus expéditif que le vote de ce projet qui laisse à l'administration sa pleine liberté d'action, mais aussi toute sa responsabilité. Qu'on me permette de faire remarquer encore une fois que tout ce plan se résume en trois mots :

1° Prendre l'argent où il s'offre à des conditions avantageuses et, avant tout, connues;

2° Aller mettre en mouvement régulier et fécondant une autre masse de capitaux qui sont à présent épars et immobiles;

3° Exécuter les chemins de fer sur les plans et d'après les convenances de l'Etat, par ceux qui ont intérêt à faire vite et économiquement, en prenant la garantie d'un entretien parfait, et avec la certitude que les sommes prévues ne seront pas dépassées.

ESSAI D'UN PROJET DE LOI.

Art. 1. Le gouvernement est autorisé à contracter un emprunt, jusqu'à concurrence de douze cents millions, avec affectation spéciale à la construction des grandes lignes de chemin de fer qui seront plus bas désignées.

L'emprunt sera ouvert par séries, au fur et à mesure des besoins, par des ordonnances royales qui prescriront l'inscription des titres au grand-livre.

2. Les conditions de cet emprunt seront celles de la rente 5 pour 0|0, telles qu'elles seront arrêtées au moment de sa conversion.

3. Les lignes mises immédiatement au concours d'exécution sur le cahier des charges, et d'après le tracé arrêté par le gouvernement, sont les suivantes :

A. Du Hâvre à Paris.

B. De Paris à Bruxelles.

C. De Paris à Orléans.

D. De Paris à Marseille, par Lyon.

4. Le gouvernement soumettra aux chambres, dans les sessions prochaines, le projet du cahier des charges des autres lignes qu'il croirait devoir faire exécuter.

5. Le gouvernement fera dresser un programme général des conditions de l'exécution des chemins de fer, lequel contiendra toutes les clauses relatives à l'intérêt de la propriété et de la sécurité publiques, le tracé de la ligne et la largeur de la voie; il fixera ensuite la mise à prix de chacune des divisions du chemin de fer, établies dans le cahier des charges.

6. L'adjudication publique portera d'abord sur chacune de ces

parties séparées, en partant de la mise à prix et en admettant les soumissions au rabais.

7. Cette adjudication partielle terminée, soit que toutes les parties aient été adjugées, soit que quelques-unes soient restées sans enchères, la ligne totale sera mise en adjudication, en prenant pour mise à prix la moyenne des adjudications partielles, les parcelles qui n'auraient point été adjugées comptant pour la mise à prix primitive. Celle de ces deux adjudications qui offrira le taux le plus bas pour la totalité de la ligne sera définitive.

8. Le cahier des charges renfermera pour l'adjudicataire, soit d'une ou plusieurs parties, soit de la totalité de la ligne, l'obligation d'entretenir pendant vingt-cinq ans et de réparer le chemin, osus la surveillance et à la réquisition des agens de l'administration des Ponts-et-chaussées. Il sera alloué annuellement, pour cet entretien, à l'adjudicataire, une somme fixée par le cahier des charges.

9. Les agens du gouvernement tiendront, contradictoirement avec les concessionnaires, un compte-courant des sommes employées au paiement des ouvriers et de leurs chefs, de la valeur des matériaux ou approvisionnemens emmagasinés par l'entreprise ; le montant de ces sommes, dès qu'il représentera un vingtième du prix d'adjudication, sera remis aux concessionnaires, sauf la différence, s'il y en a, entre ces sommes et le prix d'adjudication (bénéfice de l'adjudicataire), laquelle sera payée par cinquième, d'année en année, au fur et à mesure de la livraison des parcelles adjugées, ou de chaque cinquième de la ligne totale.

10. Les poursuites pour expropriations d'immeubles seront faites par les concessionnaires agissant au nom et pour le compte de l'Etat.

11. Les concessionnaires, pour assurer l'entière exécution des

travaux qui leur auront été adjugés, déposeront au Trésor un cautionnement en numéraire, ou en rentes évaluées au cours du jour. Ce cautionnement sera du dixième de la mise à prix fixée par le cahier des charges pour la ligne ou partie de ligne concédée. Il restera entier jusqu'à la livraison du chemin au public; à dater de cette livraison, jusqu'à l'expiration des vingt-cinq années, il sera restitué aux adjudicataires par vingt-cinquième et par an, sauf les retenues opérées pour mauvais entretien.

12. Toute contestation sera jugée par. (Voir la note C, p. 43.)

Nota. Il faut remarquer encore que l'adjudication au rabais, qui est proposée dans ce projet, est absolument semblable, quant aux formes, à l'adjudication ordinaire, et qu'elle se pratique ainsi chaque jour pour la quotité et la durée des péages. Ici on la fait porter sur une somme de capital.

NOTE A.

Esprit général d'un Cahier des charges dans le système proposé.

Il est très-important, pour ne pas compromettre tous les avantages qui peuvent ressortir de ce système, de ne point confondre l'exécution sur un tracé, et dans des conditions déterminées par l'Etat, avec le système de régie que M. le ministre des travaux publics paraîtrait avoir eu en vue, dans un passage de son *Exposé des motifs* des grandes lignes à exécuter par l'Etat. En effet, l'Etat n'aurait pas besoin d'appeler l'industrie particulière à déployer l'activité de ses ressources et de ses combinaisons, si son intervention devait se borner à exécuter tant ou tant de mètres cubes de terrassemens, ou de maçonnerie, ou de percées en souterrains, ou à fournir tant et tant de quintaux de fer ouvré.

Le programme des travaux soumis, il faut le répéter, à la clause de l'entretien pendant vingt-cinq ans, devra donc seulement déterminer : 1° Le tracé général; 2° les points d'arrivée, de départ, de stationnement intermédiaire; 3° le nombre des voies principales, la longueur des gares d'évitement ou de stationnement; 4° la largeur de la voie; 5° le maximum du poids à supporter sur un même point; 6° le maximum des pentes; 7° le minimum des courbes; 8° les dimensions à donner au débouché des ponts principaux, afin qu'ils ne changent rien au régime des rivières; 9° les travaux à exécuter à la rencontre des communications de terre actuellement existantes; 10° il précisera toutes les autres précautions à prendre pour la sécurité publique; 11° il pourra exiger l'emploi de matériaux d'une certaine qualité dans quelques cas, mais ces cas devront être rares, car c'est l'Etat qui, dans l'adjudication, paiera tous ces frais exceptionnels, et ceux qui sont chargés de ses intérêts ne doivent pas oublier que les concessionnaires sont soumis à la clause d'entretien.

Pour le mode à suivre dans les paiemens, on s'écartera très-peu des usages suivis par l'administration des ponts-et-chaussées. Des tarifs de prix, pour les ouvriers des divers états, pourront être arrêtés sur chaque ligne; il en sera encore ainsi pour les matériaux de diverses natures. Ces tarifs serviront à dresser les bordereaux pour le paiement de chaque vingtième du prix de la soumission, comme il a été dit au projet de loi. L'administration possède un nombre suffisant d'agens exercés à ce contrôle.

Quant aux accidens qui pourraient provenir du défaut d'entretien, la pratique de l'Angleterre nous a appris que le moyen préventif le plus énergique est celui des amendes fixées d'avance par le cahier des charges, et infligées par l'Etat, sans préjudice des poursuites des particuliers qui se porteraient partie civile.

NOTE B.

Sur l'expropriation pour cause d'utilité publique en général.

J'ai peu de choses à dire sur l'*indemnité préalable*, après ce qu'on a lu plus haut. Je répète seulement qu'il faut traduire ces mots par ceux-ci : *dépôt préalable d'une indemnité*.

La loi nouvelle devrait comprendre tous les cas où l'expropriation est d'utilité et de droit social. Ces cas peuvent être ainsi classés :

1° Pour l'établissement des voies de communication et de transport ; pour l'assainissement ou l'établissement des villes, bourgs, etc.

2° Pour l'endiguement des rivières, torrens, etc.

3° Pour le dessèchement des marais.

4° Pour l'exploitation des mines, minières et carrières.

L'*utilité publique* étant déclarée, l'administration formerait un jury qui dresserait, dans la quinzaine, un état de situation de l'objet à exproprier, et fixerait le montant du *dépôt préalable* pour le paiement de l'indemnité à régler par les tribunaux civils, dans le cas où le propriétaire, ou bien le concessionnaire, n'accepterait pas l'estimation.

Cette formalité accomplie, le concessionnaire serait mis en possession immédiate de l'objet exproprié.

Dans le mois qui suivrait la prise de possession, le concessionnaire (ou le gouvernement, suivant le cas qui sera prévu ci-après), sera tenu de faire offre définitive d'indemnité. Si le propriétaire refuse cette offre, et qu'il soit reconnu par le tribunal qu'elle était suffisante, il paiera les frais du procès, qui, dans le cas contraire, seront à la charge du concessionnaire.

Les terrains riverains délaissés par les rivières ou torrens qu'il faudrait endiguer pour les fertiliser, les marais et marécages, et les mines, minières et carrières, seraient concédés avec publicité et concurrence, lorsqu'il se présenterait des soumissionnaires pour exécuter les travaux sans subvention de l'Etat. En ce cas, si l'offre du concessionnaire adjudicataire était inférieure à l'évaluation du jury d'estimation, l'Etat paierait la différence, soit pour le dépôt préalable, soit pour l'indemnité définitive.

S'il avait été nécessaire d'accorder une subvention pour l'exécution des travaux, l'expropriation aurait lieu au nom de l'Etat, suivant la forme ordinaire.

Une longue discussion a eu lieu à la chambre dans le cours de cette session sur l'expropriation des lais des rivières, et cette discussion n'a abouti à rien, parce qu'on n'a pu s'entendre sur *les rives* des cours d'eau torrentueux, et sur la limite de leur lit. Il était en effet très-difficile de déterminer où sont les *rives* de ces cours d'eau, puisqu'il est dans leur nature de n'en avoir pas, et de porter leur lit tantôt d'un côté, tantôt de l'autre, et d'entamer ainsi successivement et sans régle les propriétés qui les bordent.

Le moyen très-simple de trancher la difficulté, ce serait de ne pas s'attacher à retrouver la trace du *lit*, c'est-à-dire de la propriété de l'État; mais de comprendre dans le droit d'expropriation tout le terrain qui, restant inculte par le fait de l'inondation, devrait être le salaire de l'endiguement (1). Mais ce terrain infertile même ne devrait point être enlevé aux propriétaires s'il conserve, ou par le fait, ou en espérance, une valeur quelconque.

---

(1) L'endiguement n'a pas seulement pour but de reconquérir des terrains perdus; cette opération intéresse souvent la salubrité, et presque toujours la navigation.

Il faudrait encore ici faire intervenir la concurrence et l'adjudication, dont les propriétaires eux-mêmes ne seraient point écartés s'ils voulaient y prendre part. L'adjudication déterminerait très-exactement la valeur réelle de l'immeuble, et mettrait tout le monde d'accord.

J'en dirai autant de l'expropriation des marais. Si le propriétaire ne *peut* ou ne *veut* pas dessécher et assainir, la société a le droit d'accomplir à sa place cette opération nécessaire. Mais elle ne peut le dépouiller, et le résultat d'une adjudication, dans laquelle il peut intervenir, sera le véritable prix de son immeuble. Il faudrait même, si la concession était faite avec subvention, qu'il y eût adjudication au rabais, et qu'il y pût prendre part comme tout autre.

Quant aux mines, le mode de concession qui est maintenant suivi blesse tous les intérêts, sauf celui de l'homme favorisé à qui l'administration fait ce don gratuit. Le propriétaire du terrain et la société ont également à se plaindre de cette générosité à la turque.

Les mines, en effet, n'appartiennent à l'Etat qu'autant qu'elles restent entre les mains du propriétaire une richesse morte et inutile pour la société. C'est au nom de la société qu'il a le droit d'intervenir et de réclamer la mise en valeur de ce trésor enfoui. Mais il ne le peut qu'avec deux conditions : la première, qu'il donnera au propriétaire la valeur actuelle, vénale de sa mine ; la seconde, qu'il prendra des mesures pour que le concessionnaire exploite dans l'intérêt public.

Il est certain qu'aujourd'hui l'Etat ne remplit ni l'une ni l'autre de ces conditions. En réservant au propriétaire un prélèvement indéfini sur les produits de la mine, il l'associe à un travail auquel il reste étranger, et à des chances d'habileté ou d'inhabileté, de bonne ou de mauvaise fortune, qu'il ne doit pas courir, puisqu'il ne peut rien pour les produire ou éloigner les unes ou les autres.

La véritable valeur vénale remboursable au propriétaire, c'est donc celle que déterminera l'adjudication.

Quant à l'intérêt social, l'Etat ne songe aucunement à réclamer l'exécution des clauses qui le protègent, et il laisse les concessionnaires en faire un trafic où le public est vendu, si je puis le dire, en même temps que les objets qu'il a cédés gratuitement. Aussi, il y a telle concession, celle d'Anzin, par exemple, qui, après avoir enrichi ses propriétaires, se trouve avoir fait, par son monopole, beaucoup plus de mal que de bien.

NOTE C.

De la Réforme du droit administratif.

J'ai tort de parler de la *réforme* du droit administratif: je devrais parler de sa *création*.

En effet, s'il existe quelque chose qu'on puisse appeler de ce nom pour régler les rapports des diverses administrations entre elles et des autorités suivant leur hiérarchie (et je ne me chargerais pas de prouver que ce quelque chose mérite de se nommer *le droit*), il est du moins bien sûr qu'il n'y a pas une loi qui trace les relations des particuliers contractant avec l'Etat, pas une règle rationnelle, pas une garantie, pas une juridiction qui ne soit la partialité même organisée. Du conseil de préfecture au conseil-d'état, c'est toujours l'administration jugeant dans sa propre cause, sans laisser d'autre recours que d'elle-même à elle-même.

Cet état de choses a pu durer aussi long-temps que les transactions entre les particuliers et l'Etat ont été obscures, rares, sans importance; aussi long-temps que tout se passait entre les hauts fonctionnaires et de pauvres maçons ou constructeurs de ponts.

Mais se figure-t-on, que cette grossière et permanente violation du bon sens et de l'équité pourra subsister quand les tribunaux administratifs, exceptionnels, révocables, auront à juger presque autant d'affaires que les tribunaux civils inamovibles et des affaires de millions ou de centaines de millions? Or, ce moment approche; nous y touchons et le gouvernement ne se met pas en mesure de se conformer à ses légitimes exigences.

Je n'ai pas attendu que l'imminence fût si pressante pour signaler ce vice énorme de notre législation et je demande la permission de citer, pour le prouver, quelques mots d'une lettre que j'écrivais, il y a prés de trois ans, au directeur-général des Ponts-et-chaussées:

« L'opinion demandera bientôt si l'administration a eu la pensée » de préparer quelques règles de protection contentieuse à ces » capitaux immenses, que le plus prochain avenir appelle à se » jeter dans l'industrie publique? L'opinion, Monsieur, sera sin- » gulièrement étonnée, quand elle apprendra que, tandis que tout » a été réglé avec la plus minutieuse précaution et dans le droit » et dans les formes et dans les juridictions pour une somme de » cinq cents francs qui est contestée au civil, il n'y a, en France, » ni droit, ni formes, ni tribunaux rationnels pour protéger des » milliards *peut-être*, qui demandent à se jeter dans les spécula- » tions d'intérêt public. »

Le *peut-être* était de trop; les milliards se présentent et l'opinion ne *s'étonne* pas encore. Mais que ces milliards, qui s'engagent avec confiance, se sentent une fois enserrés dans cette législation ottomane, on verra comme ils se débattront et quelles secousses ils feront subir à cette pauvre machine administrative!

www.ingramcontent.com/pod-product-compliance
Lightning Source LLC
LaVergne TN
LVHW012012160826
845678LV00002B/780

9782329667072